从小爱科学——生物真奇妙（全9册）

葡萄籽的 一体旅行

［韩］南瓜星　著

［韩］瑖现怡　绘

千太阳　译

石油工业出版社

"妈妈，今天的饭后零食是什么？"

智厚从幼儿园回到家，问妈妈。

"今天的零食是你最爱吃的葡萄。"

"太棒啦！"

智厚兴高采烈地走到饭桌前坐了下来。

智厚拿了一颗葡萄扔进嘴里嚼了几下。

这时，葡萄的表皮破裂，从里面蹦出一颗葡萄籽。

"我这是在哪里？"

这颗葡萄籽打量了一下四周。

一个白色的东西对它说：

"你在人的嘴巴里。我是牙齿。"

"你叫牙齿？"

"是的。我的工作是磨碎嘴里的食物。"

听到牙齿的话，葡萄籽大吃一惊，赶快开始躲避牙齿的咀嚼。

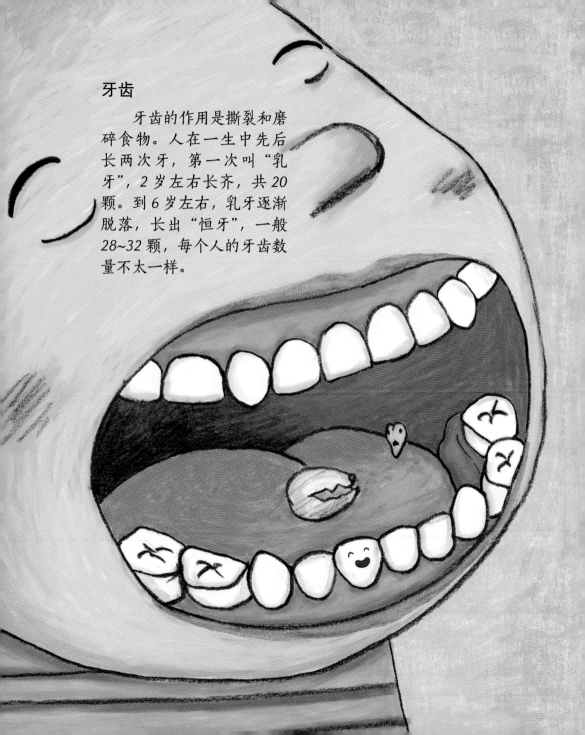

牙齿

　　牙齿的作用是撕裂和磨碎食物。人在一生中先后长两次牙，第一次叫"乳牙"，2岁左右长齐，共20颗。到6岁左右，乳牙逐渐脱落，长出"恒牙"，一般28~32颗，每个人的牙齿数量不太一样。

这时，突然有一种液体向葡萄籽扑了过来。

"啊！这黏糊糊的是什么东西？"

葡萄籽生气地吼道。

"这是唾液。它可以使磨碎的食物变软。"

牙齿告诉葡萄籽。

嘴 ------------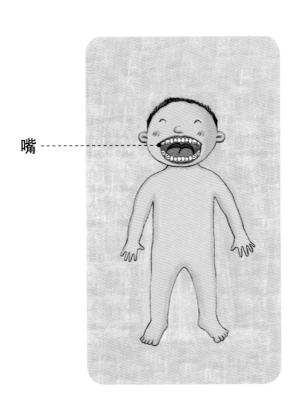

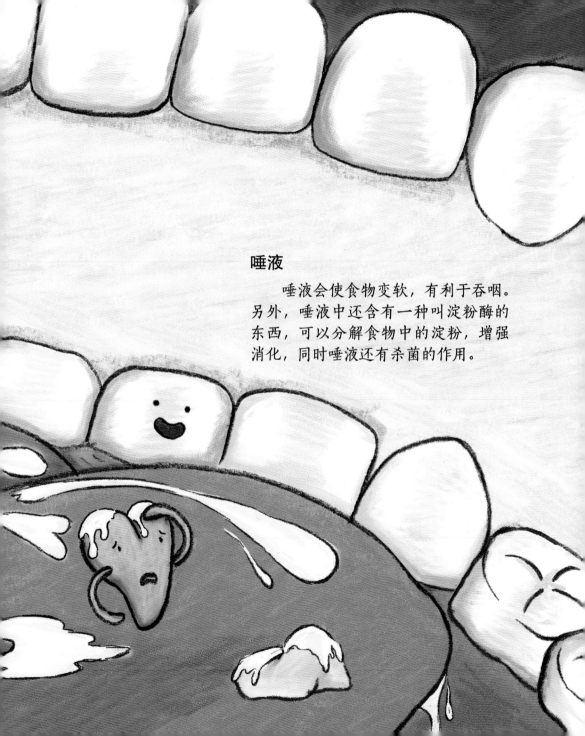

唾液

　　唾液会使食物变软，有利于吞咽。另外，唾液中还含有一种叫淀粉酶的东西，可以分解食物中的淀粉，增强消化，同时唾液还有杀菌的作用。

"你说它会软化食物？"

葡萄籽突然觉得待在嘴里好危险。

"我得赶紧逃离这里！"

葡萄籽观察了一下四周，马上就发现了一个狭窄的通道。

葡萄籽刚要动弹一下，结果一下子被吸进那个通道里。

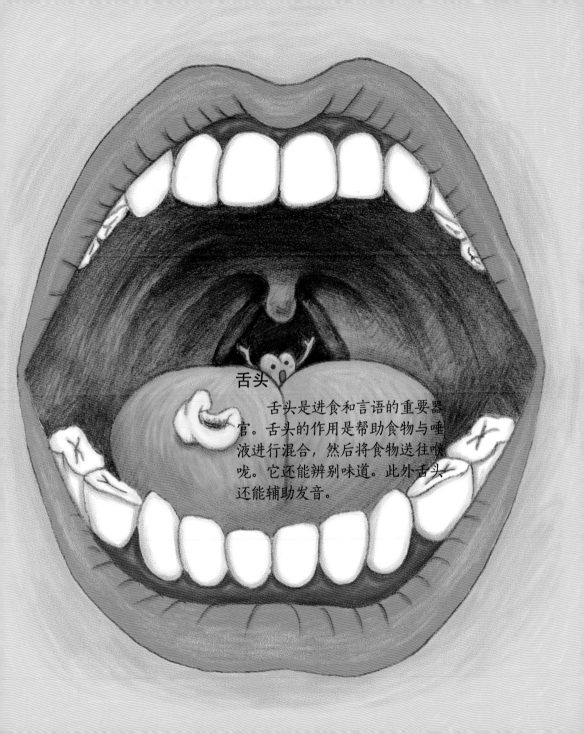

舌头

　　舌头是进食和言语的重要器官。舌头的作用是帮助食物与唾液进行混合，然后将食物送往喉咙。它还能辨别味道。此外舌头还能辅助发音。

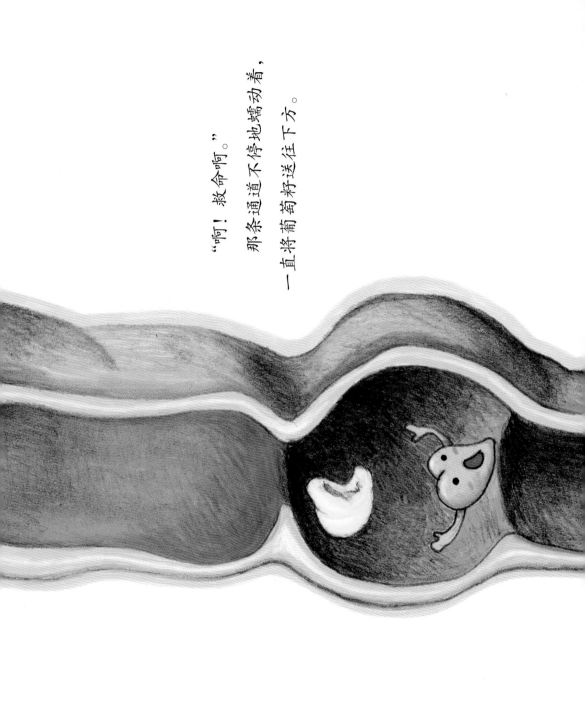

"啊！救命啊。"
那条通道不停地蠕动着，
一直将葡萄籽送往下方。

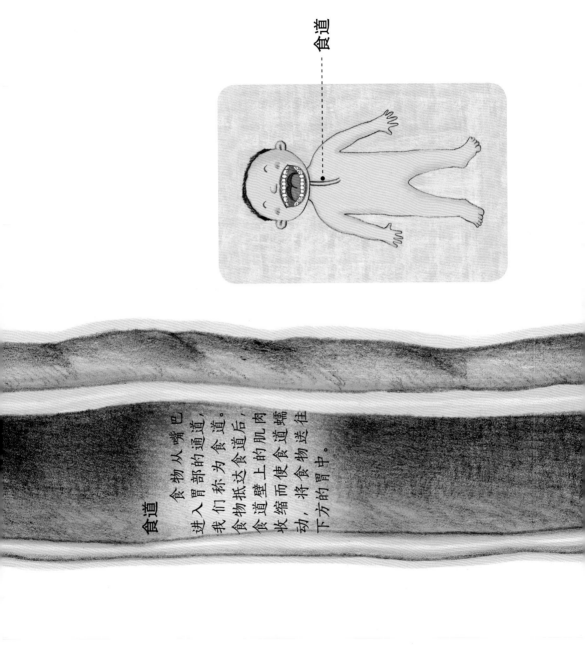

食道

食道

食物从嘴巴进入胃部的通道，我们称为食道。食物抵达食道后，食道壁上的肌肉收缩而使食道蠕动，将食物送往下方的胃中。

扑通！

"啊，好潮湿啊！墙壁上流出来的是什么东西？"

"那是胃液。"

"你是谁？"

"我叫胃。是我制造了胃液。"

胃液

　　胃液是胃内部的胃腺分泌出来的一种液体。胃液是无色的，而且还很黏稠。胃液的主要作用是帮助消化及杀死有害细菌。

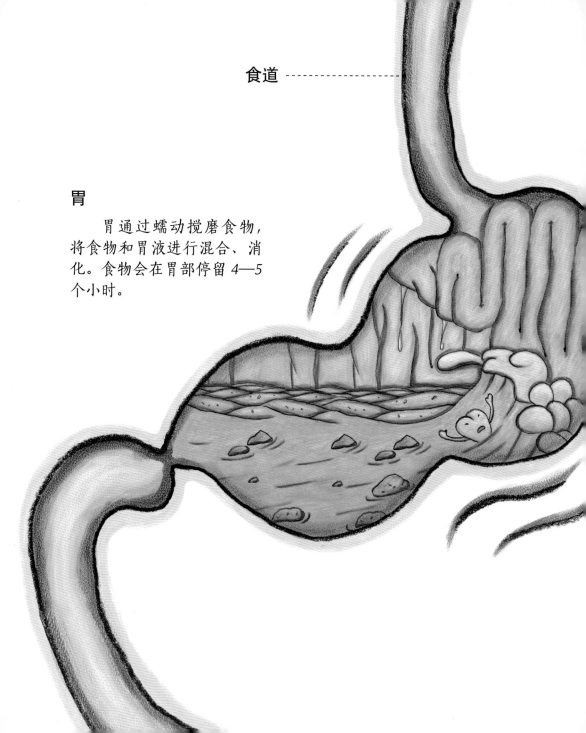

食道 -------------------

胃

　　胃通过蠕动搅磨食物，将食物和胃液进行混合、消化。食物会在胃部停留 4—5 个小时。

摇摇晃晃、跌跌撞撞！

每当胃壁蠕动时，胃液和食物就会混合在一起。

葡萄籽像跳舞一样，随着胃液的起伏不断地跳动着。

"好晕啊！真想马上离开这里。"

经过一段时间的搅磨，进入胃中的食物变成了一种粥状形态。

葡萄籽也混在"粥"中，缓缓地向某个地方流去。

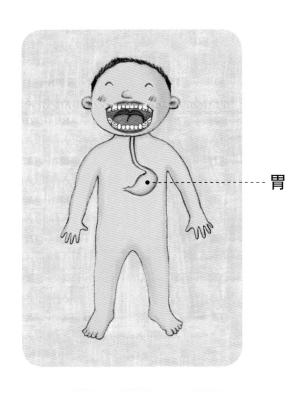

胃

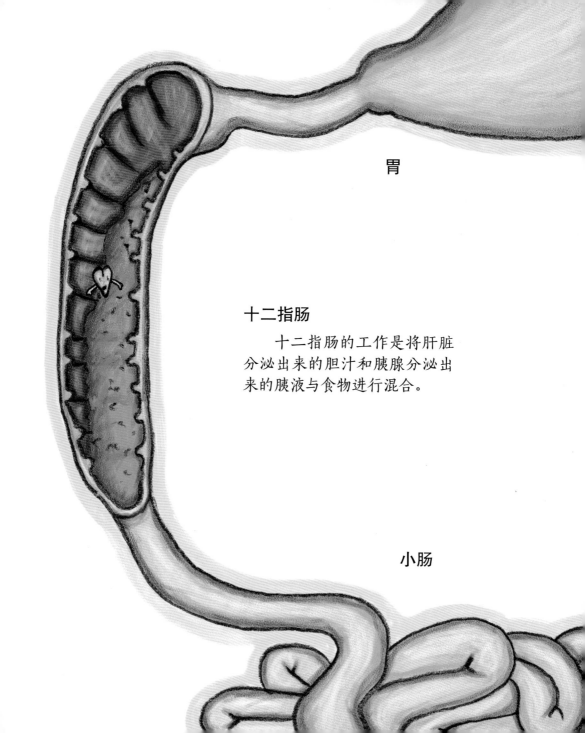

胃

十二指肠

　　十二指肠的工作是将肝脏分泌出来的胆汁和胰腺分泌出来的胰液与食物进行混合。

小肠

"呜……这究竟是哪里？"

葡萄籽哽咽着说。

"不要哭！我是十二指肠，连通着胃和小肠。你现在可以继续往下走了。"

葡萄籽赶紧与十二指肠道别，离开了十二指肠。

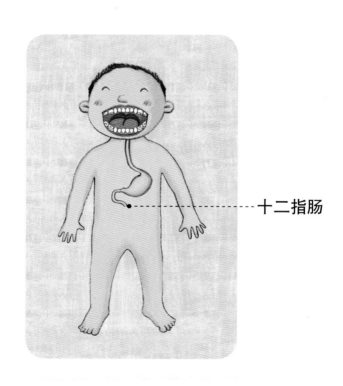

十二指肠

哗！

"啊！这又是什么液体？"

这时一个声音回答道：

"不要害怕！我是小肠。这些液体是我分泌出来的。我的工作是消化从胃里出来的食物并从中吸收营养。"

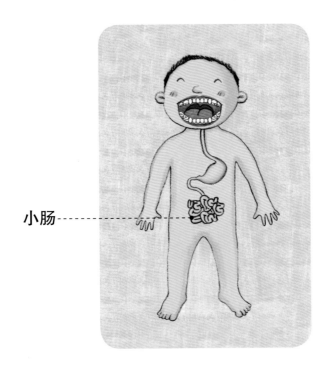

小肠------

小肠绒毛

　　小肠壁的内表面有大量的环型皱襞，可以增大小肠的吸收面积。皱襞上有许多绒毛状突起，叫小肠绒毛。小肠绒毛的作用是吸收被小肠液分解的食物营养。

小肠液

　　小肠也会分泌出像胃液一样帮助消化食物的液体，我们称它为小肠液。

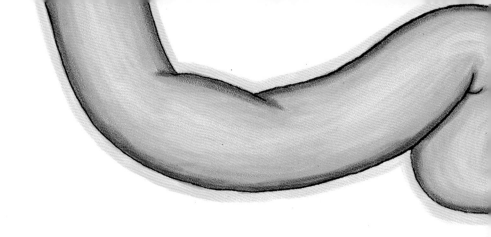

　　"你的作用跟胃很相似啊！不过，你为什么要这么剧烈地蠕动？"

　　"只有这样食物才能更好地混合并流往下方。"小肠回答说。

　　"好晕啊！"

　　葡萄籽晕头转向地与其他食物混合在一起，不停地向下流去。

小肠 --------------------------------

　　小肠长达4~6米。十二指肠也是小肠的一部分。小肠有分泌、消化、吸收等功能。小肠不断地重复着伸缩运动，将小肠液和食物混合在一起，同时将食物送往下方。

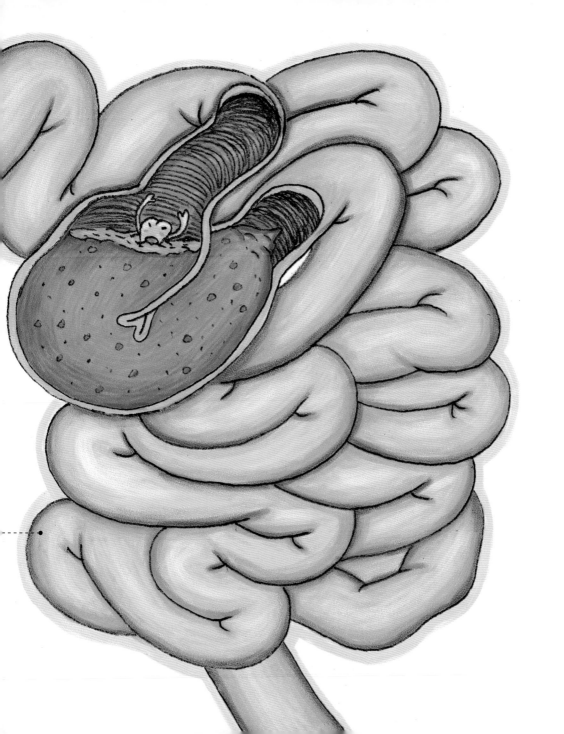

"啊！这是什么味道？这里又是哪里？"

一股恶臭袭来，葡萄籽顿时感觉自己快喘不过气来了。

这时，有个东西突然哈哈大笑着说：

"我是大肠。你或许要在这里待很长时间。"

"具体要待多长时间？"

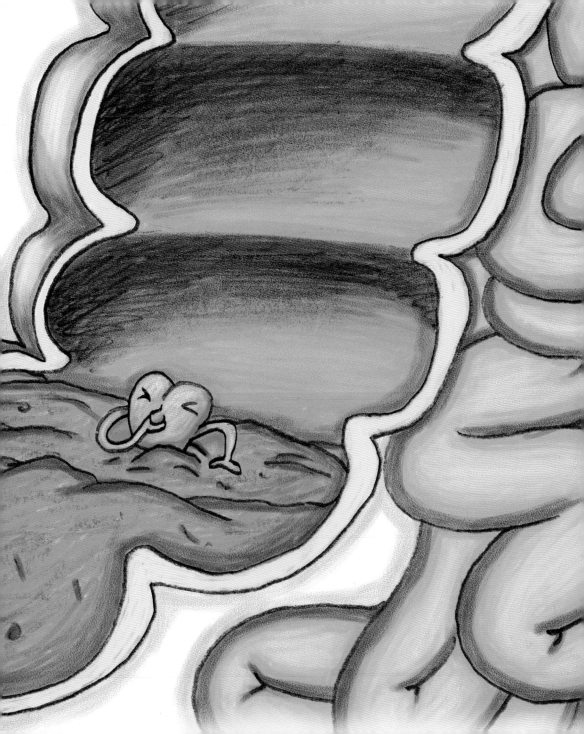

大肠缓缓蠕动着说：

"你要等到我将剩下的食物渣滓排出体外。"

大肠--------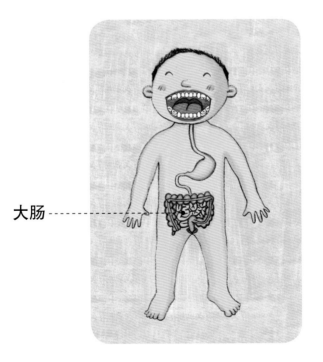

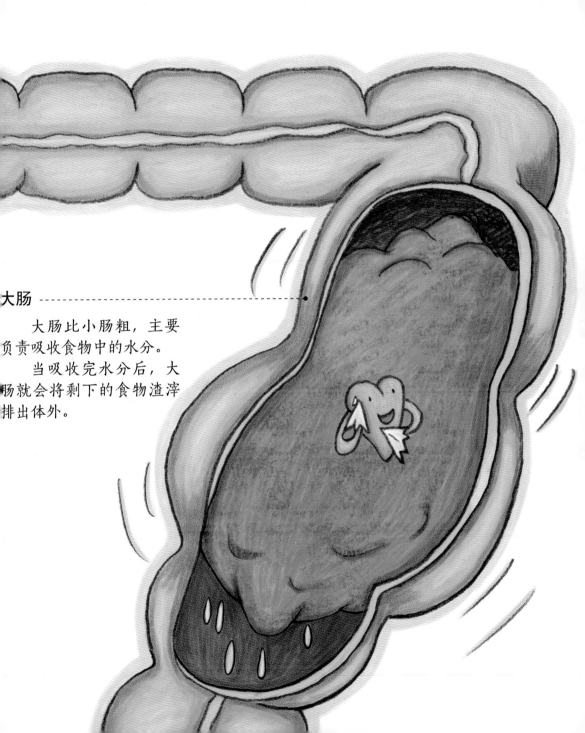

大肠 ------------------------------------•

    大肠比小肠粗，主要负责吸收食物中的水分。

    当吸收完水分后，大肠就会将剩下的食物渣滓排出体外。

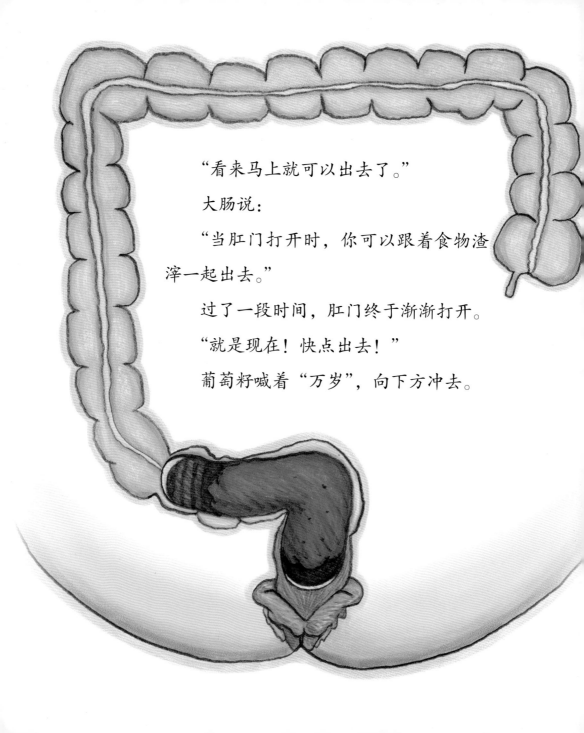

"看来马上就可以出去了。"

大肠说：

"当肛门打开时，你可以跟着食物渣滓一起出去。"

过了一段时间，肛门终于渐渐打开。

"就是现在！快点出去！"

葡萄籽喊着"万岁"，向下方冲去。

肛门

食物渣滓到达大肠末端的直肠后会刺激肛门神经，让大脑产生"想拉大便"的想法。

食物渣滓会通过肛门排出体外。

噗，噗！

突然想拉大便的智厚连忙跑向卫生间。

嗯，嗯，嗯！

拉完大便的智厚向妈妈喊道：

"妈妈！我的大便里有一颗葡萄籽。"

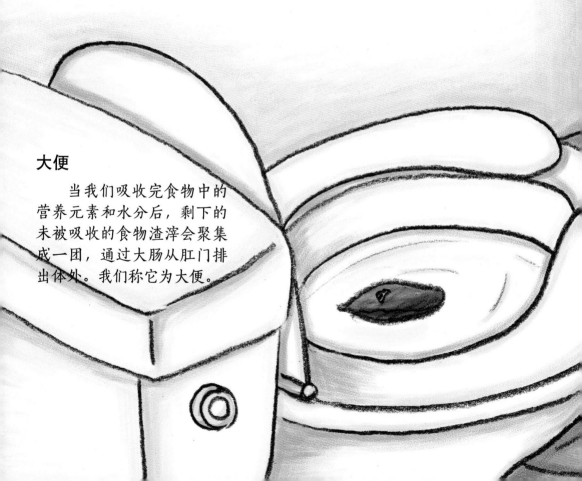

大便

　　当我们吸收完食物中的营养元素和水分后，剩下的未被吸收的食物渣滓会聚集成一团，通过大肠从肛门排出体外。我们称它为大便。

人的一生当中会吃下多少食物

人要获得生存所需的能量，就必须不停地进食。

所有的动物都是从食物当中摄取营养，进而获得活动所需的能量。

另外，人类选择进食还有一个原因是因为食物中的营养素会在人体中合成血液、骨头及肉。

因此，若是不均衡地摄取食物会导致孩子不长个子或因贫血而昏厥。饮食还是能够享受各种美味的好事情呢。

那么，我们一生当中会吃下多少食物呢？

虽然每个人的情况都不尽相同，但若是假设人类的寿命有70年，那我们一生当中所吃下的食物量将达到27吨之多。

1吨等于1000千克，所以27吨是一个非常庞大的数量。

一只大象的体重有4000~5000千克，即4~5吨。

因此，一个人一生的饮食量相当于吃下6只大象。

怎么样？是不是特别多？🍁

=

小便 是如何 形成的

我们的身体在活动时会产生二氧化碳、氨等废物。

这时产生的二氧化碳会通过呼吸排出体外，而其他的废物则会随着水分排出体外。

这就是小便和汗的形成原因。

小便的 95% 都是由水构成。

那么，小便是如何形成的呢？

肾可以过滤废物和水分，因此是制造小便的器官。

我们身体里的水分和废物经过肾脏的过滤后储藏在膀胱里。

当膀胱里的小便积满时，就会产生尿意。

虽然每个人小便的量都存在一定的差异，但普通成年男子一天的小便量大约为 1~1.5 升。

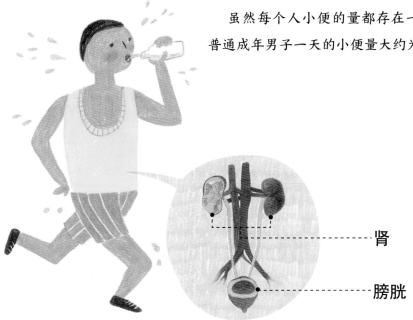

肾

膀胱

收获吧，科学的果实！

1 负责撕裂、磨碎食物的是我们身体的什么部位？

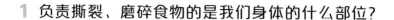

2 请将下列相关的选项用线条连接起来。

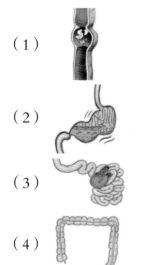

（1）　　　　　　　　　　　① 分泌胃液

（2）　　　　　　　　　　　② 负责将食物从喉咙送往胃

（3）　　　　　　　　　　　③ 负责吸收小肠输送的食物中的水分

（4）　　　　　　　　　　　④ 内壁上的绒毛吸收营养素

3 在我们的身体中，哪个器官的作用最重要？为什么？

答案 1. 牙齿　2.（1）②（2）①（3）④（4）③
3. 都很重要，每个器官有着各自的用途。

福利
增值

扫码免费领取
奥比编程课程

这套书中全都是生活中常见的科学故事。

从肉眼看不见的微小生物，到身体庞大的恐龙，

从小生命是如何诞生，到大自然的生态系统，

当你静下心来倾听这些有趣的故事时，

就可以见到神奇而惊人的科学原理。

好啦，让我们一起去奇妙的科学世界遨游吧！

上架建议：生物学-少儿读物

ISBN 978-7-5183-3934-1

Copyright © 2009 by Daekyo Co., Ltd. All Rights Reserved. This Simplified Chinese edition was published by Petroleum Industry Press in 2021 by arrangement with Daekyo Co., Ltd. through Imprima Korea & Qiantaiyang Cultural Development (Beijing) Co., Ltd..
本书经韩国Daekyo Co., Ltd. 授权石油工业出版社有限公司翻译出版。版权所有，侵权必究。
北京市版权局著作权合同登记号：01-2020-1744

图书在版编目（CIP）数据

葡萄籽的人体旅行 /（韩）南瓜星著；（韩）瑕现怡绘；千太阳译. -- 北京：石油工业出版社，2021.5 （从小爱科学.
生物真奇妙：全9册） ISBN 978-7-5183-3934-1 Ⅰ.①葡… Ⅱ.①南…②瑕…③千… Ⅲ.①生物学-少儿读物
Ⅳ.①Q-49 中国版本图书馆 CIP 数据核字（2020）第167207号

选题策划：艾 嘉 艺术统筹：艾 嘉 责任编辑：曹秋梅 李 丹 出版发行：石油工业出版社（北京安定
门外安华里2区1号 100011） 网址：www.petropub.com 编辑部：（010）64523604 团购部：（010）64219110
64523649 经销：全国新华书店 印刷：北京中石油彩色印刷有限责任公司 2021年5月第1版 2021年5月第1次
印刷 710毫米×1000毫米 开本：1/16 印张：18 字数：45千字 定价：135.00元（全9册）

（如发现印装质量问题，我社图书营销中心负责调换）版权所有，翻印必究

定价：135.00元（全9册）